Sitzungsberichte
der Akademie der Wissenschaften
der DDR
Mathematik – Naturwissenschaften – Technik

Jahrgang 1985 · Nr. 8/N

H. Klare/R. Rompe

Zum Gedenken an Kurt Schwabe

AKADEMIE-VERLAG · BERLIN
1985

Vorträge des Akademischen Kolloquiums
der Klassen Chemie und Physik der Akademie
der Wissenschaften der DDR zum Gedenken
an Kurt Schwabe am 13. Dezember 1984

Herausgegeben im Auftrage
des Präsidenten der Akademie
der Wissenschaften der DDR
von Vizepräsident Prof. Dr. Heinz Stiller

ISSN 0138-3965
Erschienen im Akademie-Verlag, DDR-1080 Berlin, Leipziger Str. 3–4

Lizenznummer: 202 · 100/64/85
Printed in the German Democratic Republic
Gesamtherstellung: VEB Druckhaus Köthen
LSV 1205
Bestellnummer: 763 496 7 (2010/85/8/N)
00300

Inhalt

Hermann Klare

In memoriam Kurt Schwabe

Es gibt eine Äußerung Robespierre's, die ich an den Anfang meiner Ausführungen stellen möchte, welche dem Gedenken an unser Mitglied KURT SCHWABE gewidmet sind: „Alle Menschen sind gleich, — nur einige leisten mehr!" Dieses Aperçu, wenn man es überhaupt gelten lassen will, trifft auf KURT SCHWABE zu und ich würde diese Formulierung gebrauchen, wenn man mich fragte, wie sich sein Tun und Lassen in einem Satz ausdrücken ließen. Ob er selbst das so hingenommen hätte, möchte ich füglich bezweifeln, denn er war ein viel zu bescheidener Mann, dem diese Charakterisierung nicht ohne weiteres gefallen hätte. Ebenso wie er am Schluß des Festkolloquiums aus Anlaß seines 75. Geburtstages sagte, er „habe den Eindruck, daß das eine Veranstaltung war, die eigentlich nicht für einen Menschen paßt, der nur versucht hat, seine Pflicht zu tun".

KURT SCHWABE und ich, der vier Jahre Jüngere, haben uns 1963 zum ersten Male gegenübergestanden und längere Zeit miteinander gesprochen, als ich zur Übernahme des Zentralinstitutes für Kernforschung an die Akademie nach Rossendorf kam und von K. SCHWABE durch den Bereich Radiochemie geführt wurde.

Natürlich wußte ich, wer K. SCHWABE war, hatte ich doch von und über den Rektor der TU Dresden gehört und gelesen, hatte ich doch seit 1953 im Institut für Faserstoff-Forschung mit einem seiner Schüler, B. PHILIPP, auf dem Zellulosegebiet eng zusammengearbeitet. Sicherlich waren wir uns auch im Plenum der Akademie, in der Klasse Chemie und im Forschungsrat begegnet; aber ich kann mich nicht erinnern, daß wir vor 1963 einen längeren Gedankenaustausch miteinander führten.

Es wurde und wird nun immer wieder berichtet, welchen nachhaltigen Einfluß KURT SCHWABE durch sein eigenes — und ich möchte hinzufügen, ihm eigentümliches — Vorbild auf seine Schüler ausgeübt hat, weil er ständig mit großem Eifer im Sinne des lateinischen Wortes „studium" und mit bewundernswertem Bewußtsein für Verantwortung seine Arbeit betrieb, wobei er persönliche Ansprüche weitgehend außer Acht ließ. In meiner Laudatio zu KURT SCHWABES 70. Geburtstag habe ich gesagt, ich möchte ihm offenbaren, daß es mir nicht gelungen wäre, genau in Erfahrung zu bringen, ob und wann er einmal einen zweifellos verdienten Urlaub in Anspruch genommen habe. Sicher scheine mir nur, daß KURT SCHWABE in den vergangenen 20 Jahren das Wort Urlaub wie einen Begriff aus einer ihm völlig fremden Sprache behandelte. Wenn man weiß, daß KURT SCHWABES Arbeitstag vor 6.00 Uhr morgens begann und meistens nach 20.00 Uhr endete, dann bekenne ich heute wie damals, daß ich diese Intensität und Arbeitskraft bewunderte, aber nicht begreifen konnte. Nicht begreifen konnte, weil ich nicht verstand, wie ein Mensch diese Belastung aushielt, ohne ernstlich Schaden an seiner Gesundheit zu nehmen.

Es ist wohl müßig, heute darüber zu meditieren, ob KURT SCHWABE noch unter uns lebte, wenn er – sagen wir – „vorsichtiger" gewesen wäre. Er hat an seinem 70. Geburtstag selbst bekannt, er könne aus vielen Gründen, die er uns nannte, nicht anders. Wenn ein Mensch aber gegen seine Überzeugung, gegen seine ihm angeborenen und vielleicht auch anerzogenen Lebensmaximen handelt, dann ist das seiner Gesundheit ebensowenig förderlich. Lassen wir es also, darüber zu philosophieren; FONTANE hätte wohl gesagt, „das ist ein zu weites Feld, meine Lieben".

Ich habe KURT SCHWABE im Präsidium unserer Akademie von 1971 bis zu seinem Ausscheiden als klugen, beherzten und bisweilen auch kritisch-streitbaren Berater kennen und (be-)achten gelernt, gleichgültig, ob wir wissenschaftliche oder wissenschaftsorganisatorische Probleme behandelten. Er beherrschte die „Kultur der Diskussion", von der MIKULINSKIJ u.a. einmal sagte, daß dazu „auch die Fähigkeit gehöre, nicht nur zu reden, sondern auch zuzuhören, diejenigen mit denen man streite, zu verstehen. Ernsthaftigkeit, Fundiertheit und Objektivität seien unbedingt Voraussetzungen für erfolgreichen Meinungsstreit". Genau das war es, was KURT SCHWABES bisweilen streitbare Bemerkungen so wertvoll machte, und wir taten immer gut daran, wenn wir auf ihn gehört hatten.

Dankenswerterweise haben Herrn ROMPE und mir drei „Schwabeschüler", die Herren MÜNZE, NEBEL und WEISSMANTEL und nicht zuletzt auch HERR SCHIRMER Erinnerungen aufgeschrieben, aus denen ich im folgenden zitieren werde. Ich tue das nicht aus Bequemlichkeit, sondern aus dem einzigen Grund, damit das Bild dieses Mannes lebensnaher und lebendiger wird; denn diejenigen, die zehn Jahre und mehr mit und neben ihm arbeiteten, wissen mehr und sagen Treffenderes, als ich aus allen Schriften über K. SCHWABE, die natürlich in Fülle existieren, herauslesen kann.

Ich möchte – die Reihenfolge ist keine Rangfolge – als ersten Herrn NEBEL zu Wort kommen lassen: „Mein erster Eindruck von K. SCHWABE hat sich in einer vieljährigen Zusammenarbeit immer wieder bestätigt: Er kümmert sich um alles. Wöchentlich einmal ging er durch die Laboratorien, sprach mit jedem und stellte detaillierte Fragen, gab exakte Hinweise. Man mußte jede Woche Ergebnisse nennen und einschätzen. Das zwang zu großer Disziplin und trug dazu bei, daß das allgemeine Niveau der Mitarbeiter gehoben wurde. Mittelmäßige Mitarbeiter wurden zu guten, gute Mitarbeiter zu sehr guten Mitarbeitern. Diesen sehr guten Mitarbeitern eröffnete er dann neue Wege. Allein aus seinem damaligen Mitarbeiterkreis im ZfK sind, wenn auch mit unterschiedlichem Engagement von K. SCHWABE, zehn Professoren und weitere Leitungskader der Industrie hervorgegangen. Diese schöpferische Tätigkeit als Lehrender, durch die er seine eigene Kraft vervielfachte, übte er in einer Weise aus, wie ich sie nie anderswo erlebt habe.

Er war ein Wissenschaftler, der auf die exakte Durchführung von Experimenten größten Wert legte. Theoretischen Ergebnissen gegenüber, die nicht experimentell gestützt wurden, war er skeptisch. So war einer seiner oft gehörten Aussprüche, daß man z.B. von quantenchemischen Berechnungen nicht mehr erwarten kann, als man an grundsätzlichen Erkenntnissen hereingesteckt hat, obwohl er quantenchemische Arbeiten gefördert hat. Er wollte damit ausdrücken, daß eine Theorie leicht zu Irrtümern führt, wenn sie sich verselbständigt. Er reagierte allergisch, wenn Meßergebnisse unzulässig verallgemeinert wurden. Eine übergenaue Angabe von elektrochemischen Standardpotentialen war für ihn ein Beweis dafür, daß die tatsächlichen Vorgänge in der Lösung und an Phasengrenzflächen nicht verstanden wurden. Er bestand auf dem Einsatz einer zuverlässigen Meßtechnik. Viele Geräte, die nicht beschaffbar waren, ließ er im eigenen Haus fertigen. Besonders angetan war er einmal, als ich Halbstufenpotentiale trotz vorhandener Polarographen per Hand mit einer Wheatestoneschen Brückenschaltung bestimmte, weil mit Hilfe von Präzisionswiderständen die Meßgenauigkeit bedeutend gesteigert werden kann. War er auch stark an experimentellen Arbeiten interessiert, tat er viel, um rasch moderne theoretische Entwicklungen, wie die Quantenchemie oder die statistische Thermodynamik, seinen Mitarbeitern zugänglich zu machen. Bezeichnend für ihn ist, daß zu seinen Mitarbeitern neben Chemikern, ja selbst Verfahrenstechnikern, stets Physiker und Mathematiker gehörten. Das Modell war für ihn, trotz der eingeschränkten Verallgemeinerungsfähigkeit der Aussagen, eine wichtige Arbeitsmethode, weil es Zusammenhänge darzustellen gestattet und bestimmte experimentelle Unzulänglichkeiten überwand. Aber er legte größten Wert darauf, daß der Zugang zum Experiment immer wieder gefunden wurde.

Die Passivität von Metallen und die pH-Meßtechnik beschäftigten ihn Zeit seines Lebens. Es waren oft praktische Fragen, die ihn dazu bewegten. Er wies immer wieder auf die volkswirtschaftlichen Verluste hin, die aus der Korrosion entstehen. So war es auch ihm zu verdanken, daß die Zentralstelle für Korrosionsschutz entstand. Er untersuchte unzählige Gläser, um die Anwendung der Glaselektrode zu stärken, von der Technik angefangen, z.B. bei Abwässern, bis hin zu in-vivo-Messungen im Körper. Diese anwendungsorientierten Arbeiten fanden ihr Gegengewicht in Grundlagenforschungen (diesen Ausdruck hat er mir gegenüber immer abgelehnt ‚entweder gibt es gute oder schlechte Forschungen, auf den Grund muß man allem gehen'), die ihn international bekannt machten.

Von großem Einfluß auf alle seine Mitarbeiter war seine Praxisorientiertheit. Er vertrat den Standpunkt, daß chemische Forschung eine enge Beziehung zur Industrie haben muß. Sehr oft kam er mit Problemen zu uns, die an ihn von der Industrie herangetragen worden waren. Entschieden forderte er, daß gute Wissenschaftler in die Industrie gehen sollten, zumindest vorübergehend. Er beobachtete mit Besorgnis, wie teilweise fundamentale Forschungsprojekte in der Industrie abgebaut wurden, daß gute Wissenschaftler die Industrie verließen und in die Hochschulen oder in die Akademie gingen.

Schwabe war der Meinung, daß die Überführung von Forschungsergebnissen in die Industrie um so besser gelingt, je höher das Niveau der Industrieforschung ist. Deshalb war er bemüht, möglichst viel Schüler in der Industrie unterzubringen, weil es sich mit ehemaligen Schülern verständnisvoller spricht als mit anderen Wissenschaftlern. Wesentlich für sein gutes Verhältnis zur Industrie war aber, daß er ihre Probleme schnell aufgriff und Hilfe leistete, wo er konnte.

Als K. SCHWABE mich wenige Monate vor seinem Tod nach Meinsberg einlud, um Fragen der Korrosionsforschung abzusprechen, führte er mich durch sein Institut. Obwohl er kaum noch sehen konnte, erläuterte er mir im Detail experimentelle Anordnungen und erzielte Ergebnisse. Dort, wo der Umbau des Hauses noch nicht abgeschlossen war, stieg er mühelos über Balken und Schutt, obwohl er sie nicht genau erkennen konnte. Offenbar kannte er jeden Schritt genau. Er war dankbar dafür, gefragt zu werden, weil er nützlich sein wollte. Er war kein unkomplizierter Mensch. Er hat jedoch durch unvergleichlichen Fleiß, immenses Wissen und das Bemühen, für Theorie und Praxis gleichermaßen nützlich zu sein, Bleibendes hinterlassen." Soweit aus den Erinnerungen von Herrn NEBEL.

Lassen Sie mich noch ein paar Worte zu dem vorletzten Satz NEBELS sagen. KURT SCHWABE war für Schüler und Kollegen bisweilen kein bequemer Partner; ich habe das selbst erfahren. Er konnte und wollte um der Sache willen sehr deutlich werden und nahm dann auch kein Blatt vor den Mund. Er war, wie Herr SCHELER einmal sagte, „in strittigen Fragen mit nüchternen Argumenten und oftmals mahnenden Worten stets ein kritischer und zugleich aber konstruktiver Beratungsteilnehmer, der den fördernden Wert eines echten Meinungsstreites auf wissenschaftlichem und wissenschaftsorganisatorischem Gebiet bewies". Seine prägnanten und kurzen Formulierungen sollten wir nicht vergessen: „Lernt, aus Schwierigkeiten selbst herauszufinden" oder „... wachsender Wohlstand bedeutet nicht, daß wir alle bisherigen Konsumgewohnheiten expansiv, exponentiell weiterentwickeln". KURT SCHWABE war kein Freund langer und behäbiger Ausführungen, seine kurzen Äußerungen trafen fast immer „den wunden Punkt", sie schmerzten daher bisweilen auch, aber sie waren der Erkenntnis stets förderlich.

Herr MÜNZE hält einige Prinzipien für wesentlich, die K. SCHWABE seiner Arbeit zugrunde legte, die weiterzugeben er sich bemühte und die „ich (so Herr MÜNZE) auch persönlich als sein wichtigstes Vermächtnis an die jüngere Generation betrachte".

„Für KURT SCHWABE war wissenschaftliche Betätigung ein Privileg, dessen Inanspruchnahme nur dadurch gerechtfertigt wird, wenn diese Betätigung zu sichtbaren Fortschritten in Gesellschaft und Wirtschaft führt. Dieses Kriterium legte er gleichermaßen an grundlegende und angewandte Forschungen an, wobei er diese Unterscheidung mehr als eine Differenzierung verschiedener Entwicklungsetappen des gleichen Problems sah.

Es war für den Mitarbeiter häufig ernüchternd und manchmal auch enttäuschend, wenn er, der erfahrene Wissenschaftler, diesen Maßstab an die hochfliegenden Vorstellungen der jungen Wissenschaftler anlegte und ihnen vorführte, welches gesellschaftlich relevante Ergebnis nach erfolgreichem Abschluß der vorgeschlagenen Arbeit, der geforderten Investition und Verbrauch der Forschungsmittel wirklich zu Buche schlagen wird. Dabei hat er seine Auffassung nicht dekretiert. Vielmehr erwartete er Berücksichtigung bei der weiteren Durcharbeitung des Problems, bessere Argumente, gründlicheres Nachdenken. Er erwartete aber auch, daß man solange nicht nachgibt, bis alle Möglichkeiten ausgeschöpft sind. Dieser Prozeß, nicht frei von Widersprüchen und Spannungen, war für beide Seiten anstrengend und oft auch langwierig. Wenn aber schließlich die besseren Argumente gesiegt hatten, stellte er sich bedingungslos hinter die Aufgabe, unabhängig davon, ob seine Ansicht sich durchgesetzt hatte oder nicht.

Kurt Schwabe vertrat konsequent die Ansicht, daß sich die wissenschaftliche Forschung auf solche Aufgaben orientieren muß, die ein nahes zukünftiges Bedürfnis in unserem Land befriedigen und die gleichzeitig wissenschaftlich und technisch zum erforderlichen Zeitpunkt gelöst werden können.

Er akzeptierte keine globalen Begründungen und verlangte, daß die Verwertbarkeit und der erreichbare Fortschritt, sei es eine Weiterentwicklung der experimentellen Methodik, der Theorie, ein Erzeugnis oder Verfahren nachgewiesen oder überzeugend begründet wurden. Den vor uns stehenden Aufgaben wies er eine höhere Priorität zu als solchen, die erst für spätere Generationen relevant werden. Diese prinzipielle Haltung, das richtige Problem zur richtigen Zeit anzupacken, hat ihm nicht immer Beifall eingebracht. Insbesondere in bezug auf die kerntechnische Entwicklung bis Ende des Jahrhunderts in der DDR bezog er Positionen, die den euphorischen internationalen Einschätzungen der sechziger Jahre konträr gegenüberstanden. Heute muß man sagen, Kurt Schwabe hatte recht.

Er hat sich ständig bemüht, einmal als richtig und gesellschaftlich relevant erkannte Vorhaben über die z.T. wechselvolle Zeit zu bringen, die Kollektive zu motivieren, zusammenzuhalten und wenn erforderlich auch abzuschirmen. Diese Standfestigkeit, eine einmal begonnene Aufgabe auch bis zum Erfolg zu führen, war eine charakteristische Eigenschaft von K. Schwabe, die ich als wesentliche Bedingung für eine fruchtbare und ergebnisreiche wissenschaftliche Arbeit ansehe."

Herrn Weissmantels Erinnerungen an K. Schwabe bilden zu den abschließenden Sätzen von Herrn Münze eine schöne Ergänzung, die ich Ihnen nicht vorenthalten möchte: „Bei allem Engagement für sparsamen Einsatz der Grundmittel hat er andererseits stets – und manchmal sehr hartnäckig – darum gekämpft, daß die materiellen Voraussetzungen in den von ihm betreuten Schwerpunkten dem internationalen Niveau entsprachen, und Gleiches gilt für die Bereitstellung und Auswertung der neuesten Fachliteratur."

Schließlich macht Herr Schirmer noch auf eine literarische Tätigkeit Schwabes aufmerksam, die ich nur andeute, da Herr Rompe ausführlicher darauf eingehen wird. Herr Schirmer betont in diesem Zusammenhang eine bezeichnende Eigenschaft K. Schwabes, wenn er schreibt: „In all den Jahren vernachlässigte er die Zeitschrift für physikalische Chemie nicht. Ich habe in den Jahren von 1965–1981 etwa 100 Arbeiten für ihn rezensiert; stets bekam ich für die Rezension einen freundlichen Dank. Wo gibt es eine solche Sorgfalt noch heute?"

Wenn ich auch nicht ganz den Pessimismus teile, der in Herrn Schirmers letzter Frage anklingt, so muß ich doch sagen, daß gewisse – m.E. unerläßliche – Formen und Verbindlichkeiten im Schriftwechsel unserer Zeit nicht selten zu kurz kommen. Ich möchte darüber nicht weiter debattieren und nach den Ursachen suchen. KURT SCHWABE jedenfalls – das habe ich, das hat jeder erfahren, der mit ihm sprach oder korrespondierte – legte Wert auf gute gesellschaftliche Formen, die für ihn kein äußerlicher Schnick-Schnack nichtssagender Förmlichkeit waren, sondern ein Zeichen seiner universellen Bildung, die – wie das Exemplum SCHIRMERS zeigt – das Zusammenwirken mit ihm so erfreulich und dankenswert machte.

Das, was KURT SCHWABE wirklich auszeichnete, ist wohl am besten mit dem Satz von DU BOIS-REYMOND über seinen Freund HELMHOLTZ gesagt: „Das Geheimnis seiner (Helmholtzens) auch in der Fülle der Erzeugnisse beispiellosen Produktivität lag in seinem unermüdlichen Fleiße und seiner Fähigkeit, die ungeheuere Mannigfaltigkeit von Tatsachen und Gedanken stets gegenwärtig und gleichsam zum Zugreifen und zum Verwerten bereit zu halten.“

Robert Rompe

Zur Würdigung von Kurt Schwabe

Der 1. Todestag von Kurt Schwabe, den gemeinsam zu würdigen die Klassen Chemie und Physik beschlossen haben, fällt in das Jahr des 35. Jubiläums der DDR. Es liegt nahe von der außerordentlich bedeutsamen Rolle zu sprechen, die Kurt Schwabe in der Entwicklung unserer Republik gespielt hat.

Bei den Feierlichkeiten zum 35. Jahrestag der DDR waren wir stolz, beachtliche Erfolge vorweisen zu können, die wir auf unserem durchaus schwierigen und komplizierten Weg errungen haben. Wir haben der Bedeutung der brüderlichen Unterstützung durch die Sowjetunion und die anderen Länder des sozialistischen Lagers gedacht; wir haben unsere positiven Ergebnisse aber vor allem in Zusammenhang gebracht mit der Leistungsfähigkeit unserer Werktätigen, die, aufbauend auf einer alten technischen Kultur, durch das Bildungssystem der DDR vielseitig weiterentwickelt worden ist. Wir haben aufgezeigt, daß seit dem VIII. Parteitag unsere wissenschaftlich-technische Politik auf Erreichen konkreter Ziele zum Nutzen der Menschen und der Gesellschaft orientiert ist und wir einen abstrakten Fortschritt auch in der Wissenschaft nicht anerkennen.

Kurt Schwabe teilte genau diese Auffassung mit vielen großen Naturwissenschaftlern, so mit H. Helmholtz, H. Hertz, M. Planck, A. Einstein, um nur einige uns Berlinern besonders nahestehende Mitglieder unserer Akademie zu nennen.

Schwabe begann seine wissenschaftliche Laufbahn als Industriechemiker und war bereits in leitender Position, als er sich an der Technischen Hochschule in Dresden habilitierte. In der Industrie hat er wohl zwei Dinge erfahren, die er von da ab zeitlebens praktiziert hat: die richtige Proportion von disziplinärer Vertiefung und ausreichender Breite der Komplexität, wie sie allen modernen gesellschaftlich relevanten wissenschaftlich-technischen Aufgaben eigentümlich ist und weiterhin, daß der Wissenschaftler zur Bewältigung eines Vorhabens der komplexen Erkenntnisnutzung zur Erzielung eines gesellschaftlichen Effekts eine außerordentliche Arbeitsfähigkeit erwerben muß. Und wenn ich zwei bemerkenswerte Züge an Kurt Schwabe heute feststellen soll, so ist es die große Breite seiner kompetenten Aussagefähigkeit und die schier übermenschliche Arbeitsfähigkeit, die es ihm gestattete, jahrzehntelang die Last von Funktionen simultan mit Erfolg zu tragen, die normalerweise auf mehrere aufzuteilen gewesen wären.

Ich habe Schwabe 1954 kennengelernt, als er Mitherausgeber der wieder zugelassenen „Zeitschrift für physikalische Chemie“ wurde. Er war damals Professor für Physikalische Chemie an der Technischen Hochschule in Dresden.

In Dresden waren WILLERS, BARKHAUSEN diejenigen, mit denen mich vieles verband. Mit Rektor HEIDEBROECK hatte ich dienstlich regelmäßig zu tun. SCHWABE war international im Weltmaßstab bekannt als Spezialist für Korrosions- und Passivierungsprobleme, ebenso für Fragen der Elektrochemie und der damit zusammenhängenden Meßapparaturen und Meßverfahren.

SCHWABE hatte mehrmals die Möglichkeit, sehr lukrative und wissenschaftlich ergiebige Berufungen in westliche Länder anzunehmen, die er ausgeschlagen hat, weil er, wie viele andere große Wissenschaftler jener Tage, sich mit unserer Sache – dem Aufbau eines Arbeiter- und Bauernstaates auf deutschem Boden – verbunden fühlte. Im bedeutsamen Jahr 1961 übernahm er die Funktion des Rektors der Technischen Universität Dresden und des stellvertretenden Direktors des ZfK Rossendorf.

In näheren persönlichen Kontakt kam ich mit SCHWABE, als nach dem Tode VON BONHOEFFER in der „Zeitschrift für physikalische Chemie“ ein Nachfolger gesucht wurde.

SCHWABE hat sich der Funktion des Mitherausgebers mit ungeheurer Gewissenhaftigkeit gewidmet. Das Niveau, das die „Zeitschrift für physikalische Chemie“ erworben und das wieder zu ihrem internationalen Ansehen geführt hat, ist zweifellos zu einem großen Teil der Gründlichkeit und Sorgfalt in der Bearbeitung der Manuskripte durch KURT SCHWABE zu verdanken. Ich möchte hierbei besonders die außerordentliche Mühe würdigen, die SCHWABE auf die Korrektur und Verbesserung der aus Indien eingereichten Manuskripte verwendet hat. Es war für uns alle eine große Freude, daß diese Arbeit von offizieller indischer Seite durch ein Schreiben anerkannt wurde, als wesentlicher Beitrag zur Entwicklung einer nationalen Wissenschaft in Indien.

SCHWABE war im Präsidium der Akademie von 1971–1980, als er Präsident der Sächsischen Akademie war. Er vertrat dort eine konsequente Erkenntnisnutzung in enger Verbindung mit der Industrie.

Im Jahre 1973 einigten sich J. KUCZYNSKI, H.-J. TREDER, J. AUTH und ich über eine interdisziplinäre Diskussionsrunde der Klasse Physik zu Fragen der gesellschaftlichen Wirksamkeit der Wissenschaft. Ein Meinungsaustausch über ein so bedeutendes Problem konnte natürlich nur unter Einbeziehung von Vertretern aller Klassen der AdW geführt werden, vor allem aber solchen, die Erfahrung bei der Erkenntnisnutzung besaßen, und unter Einbeziehung von Fachleuten aus der DDR für die Gebiete, für die in der AdW zu wenig Aussagekraft vorhanden ist. KURT SCHWABE hat oft an den Gesprächen teilgenommen, als Vortragender, als Zuhörer, als Opponent und Zweifler. Er hat unsere Runde bereichert, weil ihn die Pflege des interdisziplinären Gesprächs inneres Anliegen war, Selbstverständigung und Lehrprozeß. Hier konnte er ausführlich seine Ansichten darlegen.

Ich selbst bin überrascht gewesen, daß die Gespräche so viel Anklang fanden und so viel Tragfähigkeit besaßen, daß wir sie über zehn Jahre fortsetzen konnten. Es fällt nicht schwer, Aussagen von Kurt Schwabe herauszugreifen, die bis heute aktuell blieben. Das betrifft den Komplex, den ich „Erkenntnisfindung – Erkenntnisnutzung" nennen möchte und den KURT SCHWABE oft unter „Forschung und Technologie" abgehandelt hat. Ich möchte hier eine Auswahl von Äußerungen von SCHWABE in Erinnerung bringen.

Die moderne Forschung ist gekennzeichnet durch eine enge Verbindung von Erkenntnisfindung und Erkenntnisnutzung. Mit der fortschreitenden gesellschaftlichen Arbeitsteilung sind in diesem Prozeß sehr viele Wissenschaftler und Kollektive kooperativ tätig. Schöpferische Persönlichkeiten vom Typ EDISON, SIEMENS oder LINDE gibt es heute natürlich auch (z.B. M. VON ARDENNE), aber sie sind nicht mehr dominierend in unserer Zeit, wo eine Idee sich erst dann durchsetzt, wenn eine Massenproduktion oder Massenanwendung erreicht worden ist, die natürlich sehr großen Aufwand erfordert und eine Kooperation in größtem Ausmaß, was z.B. EDISON bekannt war.

Mit zunehmender disziplinärer Spezialisierung der Wissenschaft wächst die Gefahr der Abkapselung, der Verständigungsschwierigkeiten, der Überschätzung des eigenen Arbeitsgebietes, falscher Wertvorstellungen bis hin zu ungünstigen Proportionierungen und damit sinkende Effektivität der komplexen Kooperation definitiver Erkenntnisnutzung, die gebraucht wird, um den wachsenden Aufwand für die Erkenntnisfindung aufzubringen.

In der Lehre ist die disziplinäre Vertiefung Voraussetzung für die Wahrung der Einheit einer Hauptdisziplin wie Mathematik, Physik und Chemie. Daraus können natürlich Maßstäbe für die Beurteilung wissenschaftlicher Ergebnisse entstehen, die die disziplinäre Vertiefung als das letzte gesellschaftliche Ziel ansehen.

Immerhin ist das bei der Beurteilung von Diplomen, Doktor- und Habilitationsarbeiten ausreichend. SCHWABE war es immer klar, daß heute mehr denn je der gesellschaftliche Effekt, auch der ökonomische, letztendlich den Wert einer wissenschaftlichen Arbeit bestimmen muß, was bekanntlich mit der konsequenten Orientierung der Wissenschaft auf die Erzielung konkreter gesellschaftlicher Ergebnisse zusammenhängt, auch im Interesse der Wissenschaft selbst. KURT SCHWABE hat diese Entwicklung gesehen und am eigenen Beispiel gezeigt, wie man ihr wirksam begegnet. Ich zitiere aus seinen Beiträgen im Rahmen des interdisziplinären Gesprächs: „Neue fundamentale Erkenntnisse haben für viele Bereiche der Technik große Bedeutung. Eben diese Bedeutung für die Gesellschaft wird weitgehend durch die geistige schöpferische Arbeit bestimmt, die auf die praktische Realisierung verwendet wird."

In diesem Zusammenhang polemisierte er gegen falsche Wertvorstellungen des sogenannten Grundlagenforschers, der sich selbst oder von anderen abgelöst an die Spitze einer Wertskala stellt, an deren Ende der Technologe steht, der Mann, der Erkenntnisnutzung konsequent mit anderen gemeinsam betreibt.

Oder: „Die Fehleinschätzung der schöpferischen Leistung des Technologen vor allem durch viele junge Wissenschaftler beruht, meiner Meinung nach, in hohem Maße auf der Unkenntnis der Anforderungen, die an den Technologen, allgemein den in der Produktion tätigen Physiker, Chemiker, Ingenieur und Ökonomen gestellt werden, wenn die Produktionsaufgaben laufend dem Stand wissenschaftlicher Erkenntnis angepaßt werden sollen."

„Ich sehe in der Kooperation aller mit wissenschaftlicher Bildung in der Produktion Tätigen einen sehr konkreten Ausdruck eines den modernen wissenschaftlichen Anforderungen genügenden Technologiebegriffs."

Oder: „Es wäre nach wie vor wünschenswert, wenn jede Berufung für Lehrstühle, an denen Studenten für die Industrie ausgebildet werden – und das sind ja beinahe alle naturwissenschaftlichen, technischen und ökonomischen Lehrstühle –, von einer mehrjährigen Tätigkeit in einer verantwortlichen Industrieposition abhängig gemacht würde." – Das ist eine Forderung, die auch heute noch zur Überbrückung der Lücke zwischen der disziplinären Orientierung in Forschung und Lehre und der komplexen Erkenntnisnutzung beitragen sollte.

„Durch die verstärkte Grundlagenausbildung im verkürzten Studium wird der weiteren Überbewertung theoretischen Wissens Vorschub geleistet, wenn dem Absolventen nicht die Überzeugung vermittelt wird, daß er auf seinem Fachgebiet trotz erfolgreichen Studienabschlusses noch ein blutiger Anfänger ist. Der Industrie bleibt allerdings die Aufgabe nicht erspart, den Absolventen das spezielle Fachwissen in einer Art Assistentenzeit zu vermitteln. Ein sofort als Betriebsleiter für eine bestimmte Produktionsaufgabe einsetzbarer Absolvent war und ist schon gar nach Verkürzung des Studiums undenkbar."

Es erübrigt sich, die Zitate ausführlicher zu kommentieren. Sie sprechen für sich. Der praxisvertraute Hochschullehrer ist auch heute noch nicht die Regel und auch wir an der Akademie sind in Fragen der gezielten Fluktuation zur Intensivierung der Kooperation nicht entscheidend weitergekommen. Immerhin ist die Schaffung von Einzelbeispielen, ich nenne das vom Zentralinstitut für Elektronenphysik und NARVA, ein Zeichen, daß es geht. Es zeigt sich allerdings hierbei, daß Ressortdenken und Bürokratie ein übriges tun, um den an sich schon harten Weg auch noch dornenreich zu gestalten.

Der Einsatz von Kurt Schwabe bei der Lösung von Überführungsproblemen entsprach der Bedeutung, die dieses Problem in den Worten von K. Hager gefunden hat, der gesagt hat, daß das Behaupten auf dem Weltmarkt für die DDR zu den Überlebensfragen gehört, was bekanntlich eine hohe nationale Kooperation voraussetzt.

Ein weiteres Zitat: „Jede Überführung eines neuen Ergebnisses wissenschaftlicher Grundlagenforschung in die Praxis erfordert die Lösung einer Vielzahl von speziellen Problemen, die mit größeren Erfolgsaussichten in der Industrie selbst bearbeitet werden können, weil dort die praktisch möglichen Lösungswege am besten bekannt sind. Die Zahl der für die Überführung einer Aufgabe erforderlichen wissenschaftlich ausgebildeten Technologen kann verschieden sein, in jedem Fall aber wird sie größer sein als die Zahl der an der Bearbeitung der Grundlagenaufgabe beteiligten wissenschaftlichen Kräfte ... Bei dem Tempo der wissenschaftlich-technischen Revolution vertragen die Ergebnisse der wissenschaftlichen Grundlagenforschung keine langen Lagerzeiten."

Diese Aussagen berühren grundsätzliche Fragen der Wissenschaftsstrategie bis zum Jahre 2000, der richtigen Relation von Erkenntnissuche und Erkenntnisnutzung. Was können wir real überführen? Wie hoch ist die Aufnahmefähigkeit der Industrie? Soll die AdW neue Entdeckungen, neue Technologien, neue Geräte oder alles komplex anbieten? Haben die Kombinate eine zweigspezifische Forschung aufgebaut, die effektiv das Nadelöhr Überführung weitet? Welchen Zeithorizont hat man im Auge, wenn Erfindungen gefordert werden, die ganze volkswirtschaftliche Zweige revolutionieren? Welcher gesellschaftliche Aufwand kann dazu gesichert werden?

KURT SCHWABE hat wiederholt die Ansicht vertreten, daß die physikalische Chemie die theoretische Physik der Chemie ist. Er teilte diese auf VAN'T HOFF zurückgehende Ansicht wohl mit allen bedeutenden physikalischen Chemikern unseres Jahrhunderts. Er war mit dem spezifischen begriffsschöpferischen Vorgehen der Physik vertraut, dieser produktiven Kombination von theoretisch vorbereitetem Experiment und Auswertung der Ergebnisse unter Beachtung der Aussagen der Theorie, die so fruchtbar in so viele Zweige der Naturwissenschaft, der Medizin und der Technik eingedrungen ist. SCHWABE war die große Entdeckung von N. BOHR geläufig über die Doppelrolle der physikalischen Meßgeräte, die quantifizierte Daten liefern, welche eine mathematisch-theoretische Behandlung ermöglichen und zugleich in sehr vielen Fällen mit ihrem Eingriff in den Ablauf der zu untersuchenden Vorgänge einen Ausgangspunkt für eine technologische Nutzung ergeben. Die moderne Mikroelektronik macht passiv und aktiv weitgehend Gebrauch von dieser Feststellung N. BOHRS durch eine gemeinsame, allen verständliche Wissenschaftssprache.

SCHWABE sah die enge Verbindung von Forschungsgerät und Forscher bei der disziplinären Vertiefung als entscheidend an, natürlich erkannte er auch die Bedeutung des Forschungs- und Meßgerätes bei der komplexen Nutzung zur Objektivierung der Qualität der Kooperationsleistung. Er war einer der ersten, der Operationsverstärker in Meßgeräte eingebaut hat. Alle neuen Erkenntnisse der Wissenschaft und alle neuen Erzeugnisse der Technik stellen Beispiele dar, wie das Meßgerät uns immer wieder neue Aspekte der Wirklichkeit – sowohl der in der Natur realisierten wie der artifiziellen von Menschen geschaffenen – ermöglicht und uns zugleich eine Weiterführung der Gestaltung und vor allem eine Verständigung aller daran Interessierten über Weg und Ziel des Vorgehens sichert.

SCHWABE hat, wie viele große Physiker, ich nenne nur H. HELMHOLTZ, H. HERTZ, W. NERNST, F. PASCHEN, zeitlebens ein enges, um nicht zu sagen persönliches Verhältnis zu Meßgeräten unterhalten. Er praktizierte das in dem von ihm aufgebauten und geleiteten Institut in Meinsberg zum großen Nutzen für die DDR. Aber auch seine Tätigkeit als stellvertretender Direktor im ZfK Rossendorf hat zu einer rasanten Entwicklung wesentlicher Teile der modernen Geräteentwicklung, etwa der Isotopenherstellung und ihrer Anwendung in Wissenschaft und Technik beigetragen.

Unter diesem Gesichtspunkt sollten jene bemerkenswerten Zeilen gesehen werden, die er kurz vor seinem Ableben bei der Bearbeitung des Arbeitsplanes für das Plenum Ende 1983 hinterlassen hat: „Im Bereich der Naturwissenschaften, auch der sogenannten exakten Naturwissenschaften, hat sich nach meinen Beobachtungen auf meinem

Arbeitsgebiet, der Elektrochemie, immer mehr gezeigt, daß ständig neue Theorien entwickelt werden, ohne daß man sich die Mühe macht, die Zuverlässigkeit der daraus ableitbaren Ergebnisse zu prüfen. Es zeigt sich, daß dies ein allgemeines Problem der Entwicklung der Naturwissenschaften, vielleicht auch anderer Wissenschaften, ist. Diese Erkenntnis wird auch von der letzten Tagung der Nobelpreisträger in Lindau bestätigt, wo festgestellt wurde, daß sich viele junge Wissenschaftler heutzutage mit Problemen beschäftigen, die kaum Erkenntnisgewinn und schon gar keinen volkswirtschaftlichen Nutzen erwarten lassen. Meistens sind sie mit einem hohen mathematischen Aufwand ausgerüstet, aber die konkreten Schlußfolgerungen lassen zu wünschen übrig."

Diese von Kurt Schwabe nachgelassenen Zeilen haben nach seinem Ableben eine durchaus fruchtbare Diskussion ausgelöst, die zum Teil im „spectrum", zum Teil im „Mittwoch-Kolloquium" der Physikalischen Gesellschaft weitergeführt worden ist. Der Beitrag von H.-J. Treder und mir ist im „spectrum" 10/84 publiziert worden und ich habe nicht die Absicht, ihn hier zu referieren. Ich möchte nur so viel sagen: mathematisch-mechanische Modelle sind äußerst praktisch und leistungsfähig. Man kann die Physik als ein solches Modell auffassen, wenn man sich auf den Standpunkt von H. Hertz stellt, daß die Aufgabe der Physik darin zu sehen ist, die Wirklichkeit auf mechanische Vorgänge zurückzuführen und die Mechanik so auffaßt, wie es M. Planck 1910 getan hat. (Selbstverständlich nur die Teile der Wirklichkeit, für die die Physik zuständig ist.) In dieser Hinsicht hat es Meister gegeben, die uns vorgeführt haben, wie weit man damit kommen kann, angefangen mit Ptolemäus. Aber es waren doch Meister erforderlich, die das zustande gebracht haben, ich möchte nur an die großen sowjetischen Mathematiker-Mechaniker erinnern, wie unser verstorbenes Mitglied Keldisch und viele andere, die noch leben, die unglaublich schwierige Probleme gemeistert haben. Es bleibt aber natürlich unabhängig davon die Frage, ob der große gesellschaftliche Anfwand an hochqualifizierten Kadern und Rechentechnik, der zweifellos mit einer effektvollen mathematisch-theoretischen Behandlung verbunden ist, in allen Fällen gerechtfertigt ist. Für viele Aufgaben genügt das an das Alltagsdenken anschließende verfeinerte wissenschaftliche Denken und Vorgehen im Sinne von H. Helmholtz. Wenn es sich um Probleme von Raumflugkörpern, Probleme der nuklearen Sicherheit oder Teilchenbeschleuniger handelt, wird man selbstverständlich so weit als möglich der Theorie den Vorzug geben, weil eine experimentelle Untersuchung wegen des unikalen Charakters des Versuchs oder der Anlage nicht geht oder zu aufwendig ist, ebenso wenig wie man einen 500 MW-Block nicht auf Lebensdauer unter Betriebsbedingungen testen wird.

Bemerkenswert ist aber, daß die erfolgreichen mathematisch-mechanischen Modelle der Physik keine neuen fundamentalen Erkenntnisse, Fragen und Antworten gebracht haben, sondern aus dem Fundus betrieben werden konnten, wobei sich immer wieder zeigte, wie außerordentlich ergiebig dieser ist und wieviel man aus den gesicherten Grundlagen der Physik noch herausholen kann. Vor allem gilt das aber in der Sphäre der Erkenntnisnutzung mit ihrer wachsenden Komplexität. Hier kann bei dem gleichen Finalproduzenten die Lösung auf sehr unterschiedliche Weise erbracht werden und die Originalität bei der Auswahl und Mischung der Kooperationskomponenten kann sich immer wieder neu entfalten. Der Originalität sind in der Sphäre der Erkenntnisnutzung keine Grenzen gesetzt. An jedem Gerät, jeder Anlage gibt es unendlich viele Verbesserungsmöglichkeiten, deren Bearbeitung zusammen das ergibt, was man „technische Reife“ nennt. Diese technische Reife des Finalerzeugnisses ist aber ein wesentliches Qualitätsmerkmal, das maßgeblich seine Weltmarktfähigkeit mitbestimmt. SCHWABE hat zeitlebens propagiert: Originalität in der Erkenntnisnutzung, wobei er natürlich Erkenntnissuche und Erkenntnisfindung nicht ausschloß, doch sich des stochastischen Charakters der großen geistigen „Quantensprünge“ bewußt war, auf die EINSTEIN angespielt hat, als er an M. BORN schrieb: „Man soll aus der Erkenntnissuche keinen Broterwerb machen.“

Kolibri 360 GmbH
Ferdinand-Jühlke-Straße 7
99095 Erfurt, Deutschland
produktsicherheit@kolibri360.de